ENSSLINs
KLEINE NATURFÜHRER

STERNE UND PLANETEN BEOBACHTEN

Claudine und Jean-Michel Masson
Dokumentation: Antonin Masson

Illustrationen von Frédéric Pillot

So nutzt du dieses Buch

Diesen Naturführer kannst du auf alle deine Streifzüge mitnehmen. Er ist so klein und handlich, dass du ihn in deine Tasche oder deinen Rucksack stecken kannst, wenn du dich aufmachst, den Sternenhimmel zu erkunden.

Dieses Buch hilft dir, die wichtigsten Sterne und Sternbilder am Nachthimmel zu finden. Du lernst die Planeten kennen und erfährst, welche Rolle Sonne und Mond spielen. Und ganz nebenbei entdeckst du das Weltall mit all seinen Wundern.

Inhalt

Sterngucker

Es gibt viel zu sehen am Sternenhimmel. Immer wieder werden dir neue großartige Erscheinungen auffallen. Vielleicht kannst du deine Freunde und Freundinnen dafür begeistern, mit dir nach Sternbildern und Planeten Ausschau zu halten. Viele Augen sehen mehr als zwei, und wenn ihr etwas entdeckt, könnt ihr euch gemeinsam darüber freuen!

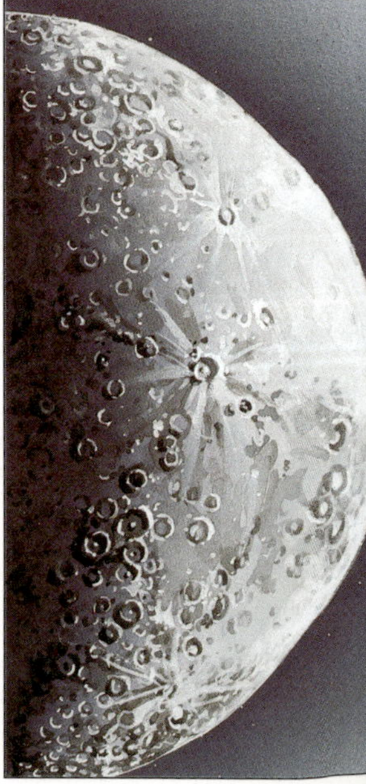

Ein nächtlicher Ausflug

Bereite deinen Nachtausflug gut vor, damit du ungestört den Himmel beobachten kannst. Beachte die Wettervorhersage, denn bei Regen wirst du vergeblich nach Sternen suchen. Du solltest mit einem Schlafsack oder einer Decke, einer Thermoskanne mit warmem Getränk, mit Kompass, Uhr, Notizblock sowie mit einer Taschenlampe (Rotlicht) und einem Fernglas ausgerüstet sein. Richte deinen Beobachtungsposten fern von den Lichtern der Stadt in freier Natur ein, damit deine Sicht auf den Himmel nicht beeinträchtigt wird.

Weitblick

Um Sterne zu beobachten, brauchst du ein handliches Fernglas mit mindestens 7-facher Vergrößerung. Die Dunkelheit erfordert eine große Objektivlinse; ideal ist ein Durchmesser von 30 mm oder mehr. Je größer die Objektivlinse, desto schwerer allerdings das Fernglas!

Orientierung

Auf den Sternkarten in diesem Buch ist Norden oben und Süden unten. Um den Himmel zu beobachten, musst du dich zunächst nach Norden ausrichten. Benutze dazu deinen Kompass. Lege dich auf den Rücken, deine Füße zeigen nach Norden, dein Kopf nach Süden. Ein kleines Schlauchboot ist eine gute »Matratze«: Du kannst deine Arme aufstützen, wenn du das Fernglas hältst. Aber ein Liegestuhl tut es auch. Suche den Großen Bären am Himmel (siehe Seite 20). Nun kann dein Streifzug durchs Universum beginnen.

Entdeckung

Betrachte den Himmel immer zuerst ohne Fernglas. Ist er neblig oder bewölkt, wirst du nicht alle Sternbilder gleich entdecken. Es braucht etwas Zeit, bis du sie siehst. Dann kannst du durchs Fernglas schauen. Du wirst überrascht sein von den vielen Sternen, die du nun erkennst.

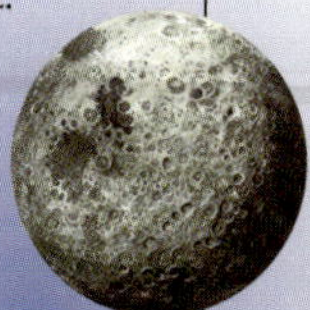

Licht im Dunkeln

Deine Augen müssen sich an die Dunkelheit gewöhnen. Es ist, als würdest du dein Nachttischlämpchen ausknipsen: Am Anfang wirkt dein Zimmer stockdunkel, doch allmählich werden die Umrisse der Möbel sichtbar. Es dauert etwa 10 Minuten, bis deine Augen bei Nacht gut sehen. Falls du in der Zwischenzeit die Taschenlampe anknipst, musst du noch einmal 10 Minuten warten. Also verwende keine ungedämpfte Lichtquelle, wenn du den Sternenhimmel beobachten willst.

Der Mond, die Sterne und Planeten

Am Himmel gibt es viel zu entdecken – so viel, dass es schwierig ist, sich zurechtzufinden. Hunderte von Himmelskörpern funkeln in der Dunkelheit auf, und innerhalb weniger Minuten werden es immer mehr!

Sterne in allen Größen

Auf den Seiten 20 bis 27 sind die Sterne als unterschiedlich große Punkte dargestellt. Die Größenverhältnisse orientieren sich an ihrer sichtbaren Größe: Je heller ein Stern am Himmel erstrahlt, desto größer ist er auf der Himmelskarte abgebildet. Die Namen der STERNBILDER sind in Großbuchstaben geschrieben.

Die Sonne

Wir kreisen um sie und haben Grund, ihr dankbar zu sein: Sie schenkt uns Licht und Wärme. Sie spendet uns Energie, die wir zum Leben brauchen.

Der Mond

Er drängt sich mit seinem blassen Licht nicht auf. Wunderschön ist er – und voller Geheimnisse.

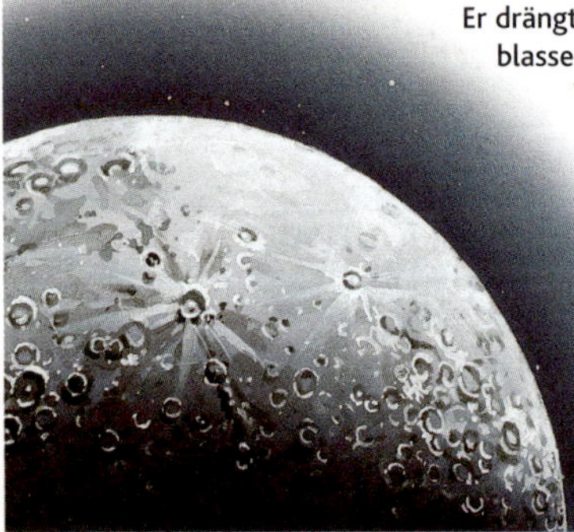

Tipp Du möchtest im Dunkeln etwas in diesem Führer nachlesen, ohne geblendet zu werden? Bau dir eine Rotlichtlampe! Male die Glühbirne deiner Taschenlampe mit rotem Nagellack an oder befestige ein rotes Chiffontuch mit einem Gummiband über der Lampe.

Sterne gehen nicht schlafen

Einige Sternbilder erscheinen je nach Jahreszeit früher oder später am Himmel. Ob du sie sehen kannst oder nicht, hängt davon ab, wann die Sonne auf- oder untergeht: Manchmal stehen sie bei Tag am Himmel und das Sonnenlicht macht sie unsichtbar. Nur der Mond und die Venus scheinen so hell, dass du sie zuweilen sogar tagsüber siehst.

Planeten

Jeder Planet umkreist die Sonne auf seiner eigenen Bahn. Es ist nicht einfach, diese »Wandelsterne« auf ihrer Bahn zu beobachten, da sie nicht selbst leuchten.

Sterne

Unzählige Sterne funkeln am Himmel. Die Entfernung lässt sie so klein erscheinen. Immer wieder sind sie am selben Platz, man nennt sie daher Fixsterne.

Und sie dreht sich doch!

Während die Erde um die Sonne kreist, dreht sie sich gegen den Uhrzeigersinn um ihre eigene Nord-Süd-Achse. Daher geht die Sonne im Osten auf und im Westen unter. Auch alle anderen Himmelskörper, Sterne, Planeten, Galaxien und der Mond drehen sich um sich selbst. Da der Himmel ständig »wechselt«, siehst du nicht alle Himmelskörper, die auf einer Sternkarte verzeichnet sind, zur selben Zeit. Sternbilder auf der linken Seite der Sternkarte liegen weit im Osten und ziehen erst spät in der Nacht am Himmel herauf.

Die Sonne betrachten

Diesen Stern kennst du gut! Tag für Tag geht die Sonne auf und zieht je nach Jahreszeit in hohem oder tiefem Bogen über den Himmel. Der riesige Feuerball leuchtet mal kürzer, mal länger und schenkt uns Licht und Wärme. Die Sonne ist das Zentrum unseres Sonnensystems. Du kannst sie leicht beobachten, wenn du einige Regeln beachtest.

Augenschutz!

Es ist sehr gefährlich, direkt in die Sonne zu blicken. Willst du sie betrachten, musst du deine Augen unbedingt mit einem Sonnenfilter schützen! Nie darfst du mit einem Fernglas, Teleskop oder anderen Instrumenten direkt in die Sonne blicken, sonst besteht die Gefahr, dass du erblindest!

Schutzbrille

Aus einem Joghurtbecher kannst du eine Schutzbrille basteln: Schneide ein Sichtloch in den Boden des Bechers und klebe mindestens zwei Streifen Rettungsfolie darüber. Rettungsfolie erhältst du im Sportgeschäft. Noch besser ist es, du benutzt eine richtige Sonnenfinsternisbrille, die du im Fachhandel kaufen kannst.

Licht und Schatten

Beobachte, wie sich der Schatten eines Baumes im Lauf eines Tages verändert: Er wandert um den Baum und wird immer länger. Du denkst, die Sonne hat eine Bahn gezogen, sie ist im Osten in den Himmel aufgestiegen und im Westen gesunken? Nein, das stimmt nicht! In Wirklichkeit hat sich nicht die Sonne bewegt, sondern die Erde (mit dir und dem Baum): Sie hat sich von der Sonne weggedreht.

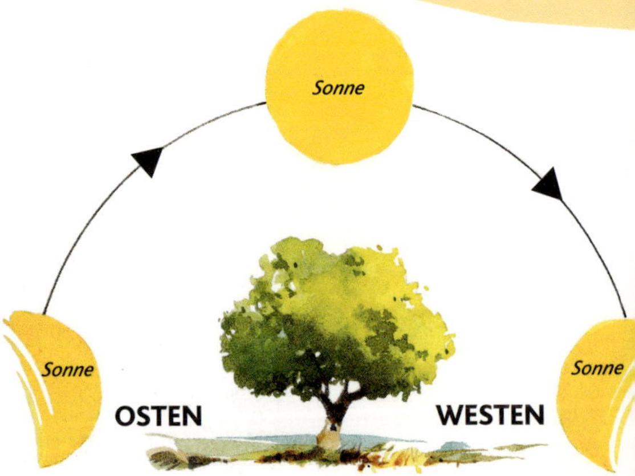

Der Tag

Wenn du am Morgen den Sonnenaufgang bewunderst, siehst du die Sonne im Osten über den Horizont heraufziehen. Gegen Abend sinkt sie im Westen wieder unter den Horizont. Am nächsten Tag wiederholt sich das Schauspiel annähernd zur selben Zeit. Dazwischen liegen 24 Stunden. Also hat sich die Erde in 24 Stunden einmal um sich selbst gedreht: So lange dauert ein Tag.

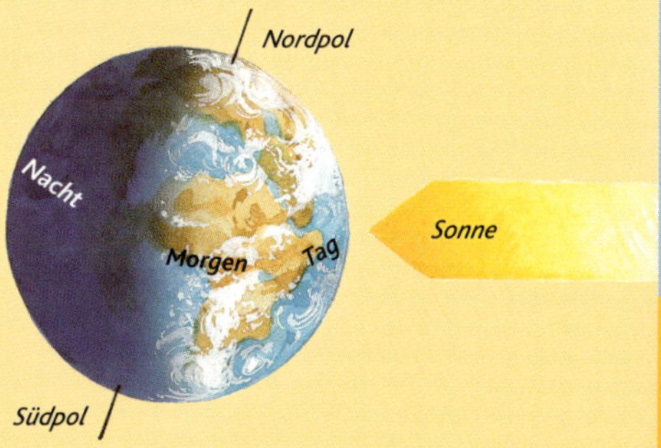

Das Jahr

Während sich die Erde um sich selbst dreht, kreist sie in 365 Tagen und 6 Stunden einmal um die Sonne: das Zeitmaß für ein Jahr. Im Sommer steht die Sonne höher als im Winter, die Tage sind länger. Ursache dafür ist die Erdachse, um die sich die Erde dreht. Sie steht schräg zur Kreisbahn der Erde um die Sonne. Je nachdem, wo sich die Erde auf ihrer Bahn um die Sonne befindet, ist entweder die Nord- oder die Südhälfte länger der Sonne zugewandt.

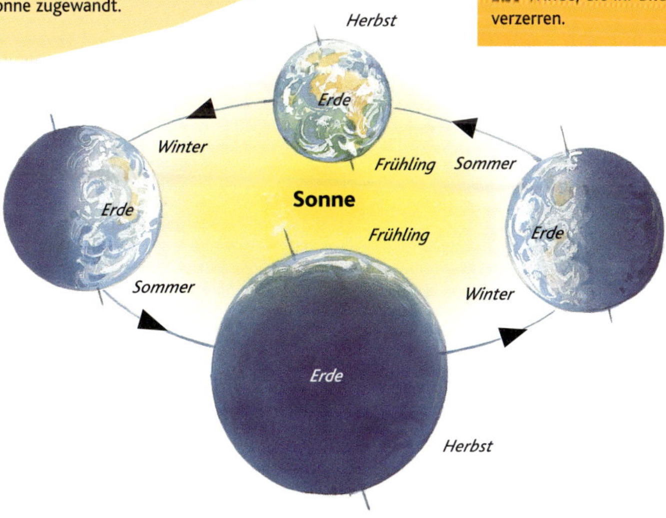

Die Größe der Sonne

Von uns aus sieht die Sonne nicht sehr groß aus, und doch ist sie zweihundertmal größer als die Erde!
Zeichne mit Kreide einen Kreis von 2 m Durchmesser auf die Straße: Das soll die Sonne sein. Im Verhältnis dazu ist die Erde so klein wie eine Murmel. Beeindruckend!

Sonnenuntergang

Am Ende des Tages leuchtet die Sonne orangefarben und blendet dich nicht. Die Strahlen sind geschwächt, weil sie weitere Wege durch die Atmosphäre nehmen und dabei gestreut werden. Manchmal »verschwimmt« die Sonne. Der Grund sind Turbulenzen in der Luft, also Winde, die ihr Bild verzerren.

Der Regenbogen

Bei Regen wird die Sonne von Wolken verdeckt. Wenn sie wieder hinter den Wolken hervorblinzelt, zieht sich ein Regenbogen wie ein Farbband über den Himmel. Woher kommt er? Wer hat ihn an den Himmel gezaubert? Sonne und Regen bieten dir gemeinsam ein beeindruckendes Schauspiel.

Wie ein Regenbogen entsteht

Die Sonnenstrahlen treffen auf Regentropfen und werden in ihnen gebrochen und reflektiert. Jeder Bestandteil des Lichts wird in einem anderen Winkel gebrochen. Weil das weiße Licht gebündeltes farbiges Licht ist, siehst du jetzt alle Farben nebeneinander liegen: das Farbband des Regenbogens.

Regenbogenfarben

Ein Regenbogen hat 7 Hauptfarben. Von innen nach außen folgen: Violett, Indigo, Blau, Grün, Gelb, Orange und Rot. Eigentlich ist das Sonnenlicht eine Mischung aus verschiedenen, gebündelten Lichtstrahlen. Nicht jedes Licht ist sichtbar wie die Farben. Infrarotlicht zum Beispiel ist unsichtbar, aber du kannst es spüren, weil es wärmt. Ultraviolettes Licht (UV-Strahlung) kannst du weder sehen noch spüren: Es verursacht jedoch Sonnenbrand und kann zu Erblindung führen, wenn du ohne geeigneten Augenschutz in die Sonne blickst.

Violett Indigo Blau Grün Gelb Orange Rot

Regenbogendoppel

Oft erscheint nicht nur ein einziger Regenbogen, sondern zugleich ein zweiter. Der erste leuchtet in kräftigen Farben, doch der Nebenregenbogen ist größer, zweimal so breit und fast durchsichtig. Bei ihm hat sich die Reihenfolge der Farben umgekehrt: Er ist innen rot und außen violett.

Trick 17 ...!

Ein Tipp für alle, die Regenbogenwunder lieben: Stellt euch mit dem Rücken zur Sonne und wartet auf einen Regenschauer ... Ihr habt es eilig? Dann könnt ihr selbst einen Regenbogen erzeugen: Wendet der Sonne den Rücken zu, haltet den Wasserschlauch hoch und – Wasser marsch! Der Erfolg ist garantiert.

Eine Sonnenfinsternis

Hin und wieder im Lauf der Erdengeschichte wird es mitten am Tag für einen Augenblick dunkel: Eine Sonnenfinsternis ereignet sich. Früher fürchteten die Menschen dieses kosmische Schauspiel, weil sie Angst hatten, die Sonne würde nicht mehr wiederkehren. Zum Glück steht sie immer treu am Himmel ...

Wie eine Sonnenfinsternis entsteht

Bei einer Sonnenfinsternis stehen Sonne, Mond und Erde in einer besonderen Position zueinander: Der Mond schiebt sich vor die Sonne und wirft seinen Schatten auf die Erde. Steht man in diesem Schatten, scheint der Mond die Sonne völlig zu verdecken, und am Tag wird es dunkel wie in der Nacht.

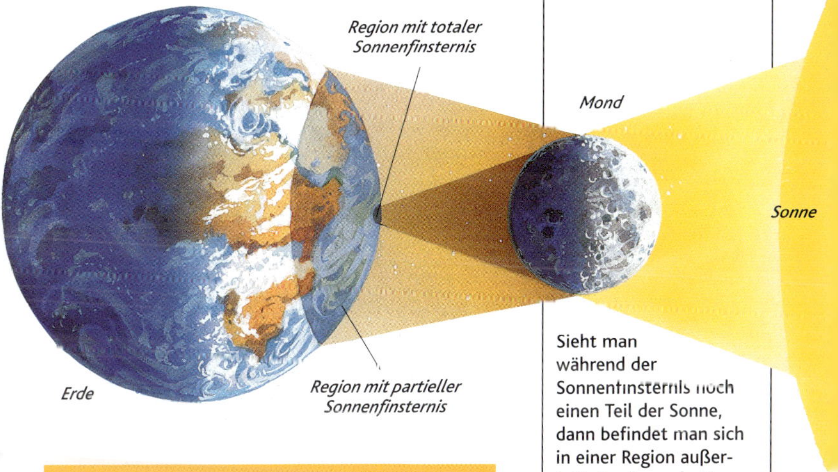

Die Gesetze, nach denen die Bewegungen von Mond und Erde berechnet werden können, sind seit langem bekannt. Auch Datum und Ort der nächsten Sonnenfinsternis lassen sich berechnen. Die nächste von Deutschland aus sichtbare Sonnenfinsternis ereignet sich am 7.10.2135 ... Du wirst also reisen müssen, um die Chance zu haben, eine Sonnenfinsternis zu erleben. Astronomische Vereinigungen stellen interessante Daten im Internet (www.astronomie.info.de) zur Verfügung. Wende dich mit Fragen an eine Sternwarte oder ein Planetarium in deiner Nähe.

Partielle oder totale Sonnenfinsternis

Wenn der Mond die Sonne scheinbar ganz verdeckt, befindet sich die Erdregion in seinem Kernschatten und die Menschen haben das Glück, eine totale Sonnenfinsternis zu erleben.

Sieht man während der Sonnenfinsternis noch einen Teil der Sonne, dann befindet man sich in einer Region außerhalb des Kernschattens und erlebt eine partielle Sonnenfinsternis.

Den Mond betrachten

Die Sonne geht unter, die Nacht beginnt ... Der Mond erscheint auf seiner Bahn: Ein runder Ball, eine zarte Sichel, manchmal sogar unsichtbar – ja, der Mond ist ein majestätisches, launisches Gestirn. Aber er ist der Himmelskörper, der uns von allen am nächsten und daher besonders leicht zu beobachten ist.

Im Sonnenlicht

Der beste Zeitpunkt, um den Mond zu beobachten, ist bei zu- oder abnehmendem Mond. Dann nämlich scheint er in einen helleren und einen dunkleren Bereich geteilt zu sein. Die Grenze zwischen beiden heißt »Schattengrenze«. Vom Mond aus gesehen geht dort die Sonne auf und unter, und das Sonnenlicht fällt so schräg ein, dass die Kraterränder deutlich von den Kraterböden abstechen. Weil sich die Schattengrenze täglich verschiebt, erhältst du bei längerer Beobachtung ein deutliches Bild von der Beschaffenheit der Mondoberfläche.

Ohne Schutzschild

Die Atmosphäre ist ein Schutzschild für die Erde: Sie hält fast alle Meteore von der Erde fern. Sie verglühen, bevor sie auf die Erdoberfläche prallen.
Den Mond umgibt keine Atmosphäre, er ist dem Meteoritenbeschuss schutzlos ausgeliefert. Deshalb ist er mit Einschlagskratern übersät.

Das Apollo-Programm und die Mondfähre »Eagle«

Der Mond ist der einzige Himmelskörper, den Menschen betreten haben. Am 20. Juli 1969 landeten die Amerikaner Neil Armstrong und Edwin Aldrin auf dem Mond. Als Armstrong am Tag darauf seinen Fuß nach »draußen« setzte, erklärte er, dies sei »ein kleiner Schritt für den Menschen, aber ein großer Schritt für die Menschheit«.

Helle und dunkle Zonen

Schon bei der Beobachtung mit bloßem Auge kann man auf der Mondoberfläche Zonen unterschiedlicher Helligkeit erkennen. Der Unterschied rührt von verschiedenen Gesteinsarten her, die das Licht mehr oder weniger gut reflektieren.

Eine Mondfinsternis

Manchmal ändert der Vollmond die Farbe, wird kupferrot, leuchtet nur matt und ist kaum noch zu erkennen – Folge einer besonderen Konstellation: Die Erde hat sich zwischen Sonne und Mond geschoben und wirft ihren Schatten auf den Mond. Ergebnis: eine Mondfinsternis!

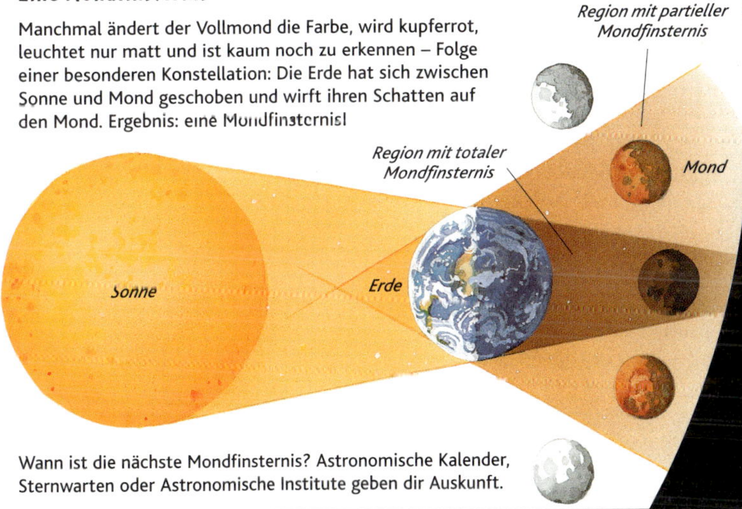

Wann ist die nächste Mondfinsternis? Astronomische Kalender, Sternwarten oder Astronomische Institute geben dir Auskunft.

Der Mond und die Schwerkraft

Hast du in Filmen gesehen, wie sich Astronauten auf dem Mond fortbewegen? Sie machen Riesensprünge wie Kängurus und fühlen sich erheblich leichter als auf der Erde. Das liegt daran, dass der Mond sehr viel kleiner ist als die Erde und deshalb keine so große Anziehungskraft ausübt. Auf dem Mond ist alles sechsmal leichter als auf der Erde.

Die Gesichter des Mondes

Du interessierst dich für den Mond? Dann »besuche« ihn jeden Abend, schreibe auf, wann er aufgegangen ist, welche Form er hat, wie er aussieht.

Mondphasen

Der Vollmond (1) erscheint kugelrund. Eine Woche später (3) ist er im »letzten Viertel«. Merke: Der abnehmende Mond (2–4) hat »links« einen Bauch wie ein a. Die Sichel wird schmaler (4), bis der Mond nicht mehr zu sehen ist: Neumond (5). Der Mond nimmt zu (6–8). Es dauert sieben Tage, bis die Sichel zum Halbmond (7) wird. Der Mond ist jetzt im »ersten Viertel«. Nach weiteren sieben Tagen ist wieder Vollmond, der Kreislauf beginnt erneut. Etwa 29½ Tage liegen zwischen zwei Vollmonden.

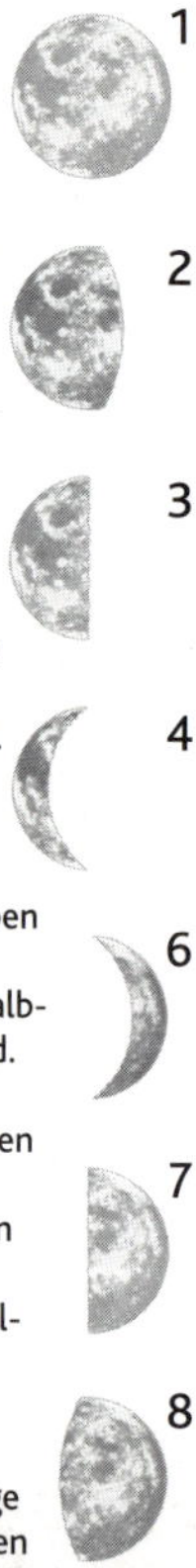

Der Mond von seiner besten Seite

Merkst du es? Der Mond wendet dir jede Nacht dieselbe Seite zu! Während er einmal die Erde umkreist, dreht er sich einmal um sich selbst. Daher sieht man von der Erde aus immer nur eine Hälfte des Mondes, die je nach seiner Position und der Stärke des Sonnenlichts als Sichel, Halbmond, leuchtender Ball oder gar nicht am Himmel scheint. Die Formen, die das Bild des Mondes durchläuft, nennt man Mondphasen.

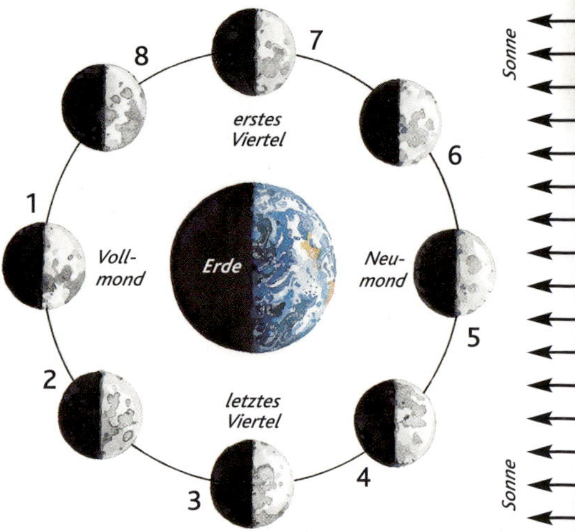

»Aschgraues« Licht

Manchmal kann man die ganze Mondscheibe erkennen, obwohl nur eine schmale Sichel beleuchtet ist. Dann strahlt von der Erde so viel Licht ab, dass es die im Dunkeln liegenden Zonen des Mondes aufhellt, der Mond erscheint in »aschgrauem Licht«.

Mondkrater

Nimm dein Fernglas und stütze dich gut auf dem Fensterbrett oder auf einer Mauer ab, damit du nicht zitterst. Dann betrachte die Mondoberfläche mit ihren Kratern und Schluchten. Zwei Arten von Kratern kannst du unterscheiden: Krater mit und Krater ohne Spitze am Kraterboden.

Die abgewandte Seite

Seit es robotergesteuerte Raumsonden gibt, können wir uns ein Bild von der uns abgewandten Seite des Mondes machen. Inzwischen weiß man, dass sich darauf viel mehr Krater befinden als auf der uns zugewandten Seite. Die Wissenschaftler suchen eine Erklärung dafür, vielleicht hast du eine Idee?

Kraterformen

Mondkrater sind auf zwei Weisen entstanden: Einige sind erloschene Vulkane, andere die sichtbaren Spuren von Meteoriteneinschlägen auf der Mondoberfläche.

Vor einigen Milliarden Jahren war der Mond wie die Erde mit vielen aktiven Vulkanen bedeckt. Mit der Zeit sind sie erloschen. Der Mond kühlte zum kalten Kiesel ab. Es gibt dennoch Spuren seiner vulkanischen Aktivität: riesige trockene Flächen aus Lavagestein, die man Mondmeere nennt.

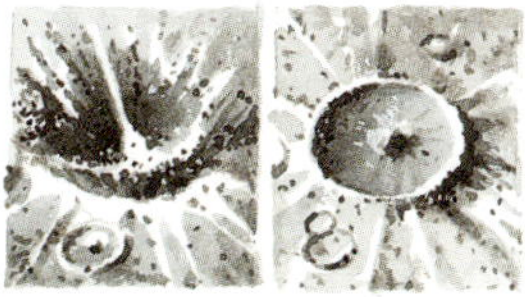

Meteoriten

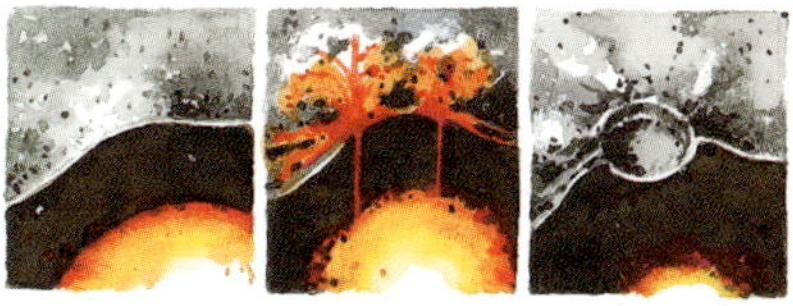

Vulkane

Aus der Vogelperspektive

Mit dieser Mondkarte und einem guten Fernglas ist die Besichtigung des Mondes ein Kinderspiel! Entdecke die Mondoberfläche aus der Vogelperspektive: Krater, Meere, Gebirgszüge ...
Wir zeigen dir sogar den Platz, an dem die Astronauten von Apollo 11 auf dem Mond gelandet sind.

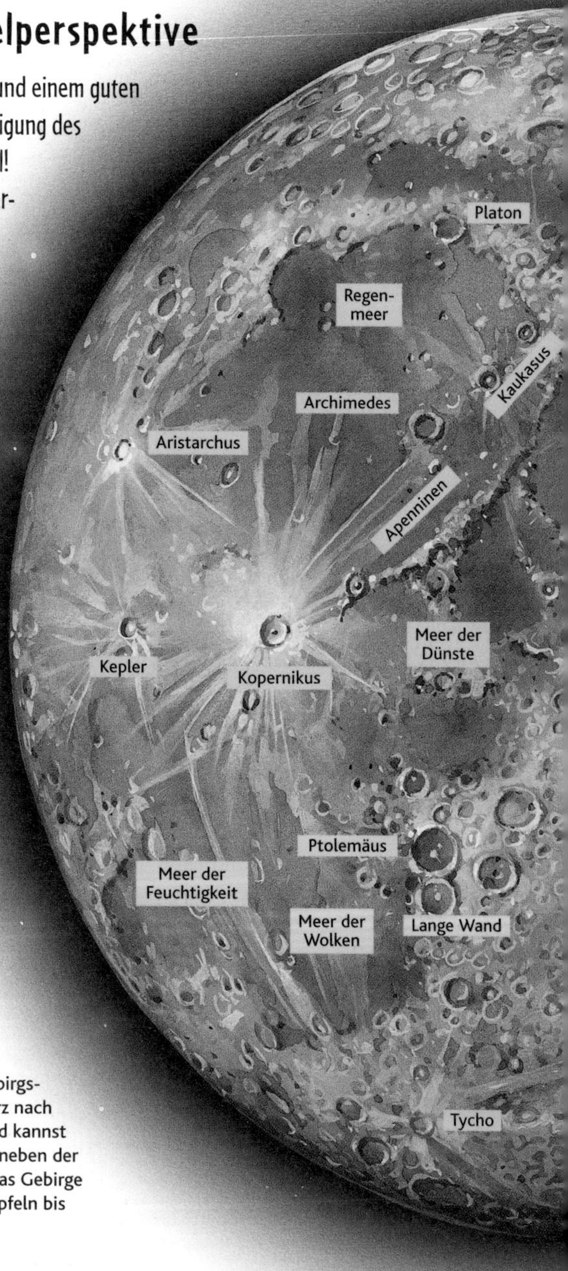

Die Apenninen

Sie bilden die größte Gebirgskette auf dem Mond. Kurz nach zunehmendem Halbmond kannst du sie mit bloßem Auge neben der Schattengrenze sehen. Das Gebirge ist 1000 km lang, mit Gipfeln bis 6000 m Höhe.

Die Lange Wand

Die Lange Wand ist eine 300 m hohe Klippe, die mehr als 100 km lang ist. Als dunkle Linie wird sie nach zunehmendem Halbmond sichtbar. Bei Vollmond verschwindet sie und taucht erst bei abnehmendem Mond als hell schimmernde Linie wieder auf, wenn sie im vollen Sonnenlicht liegt.

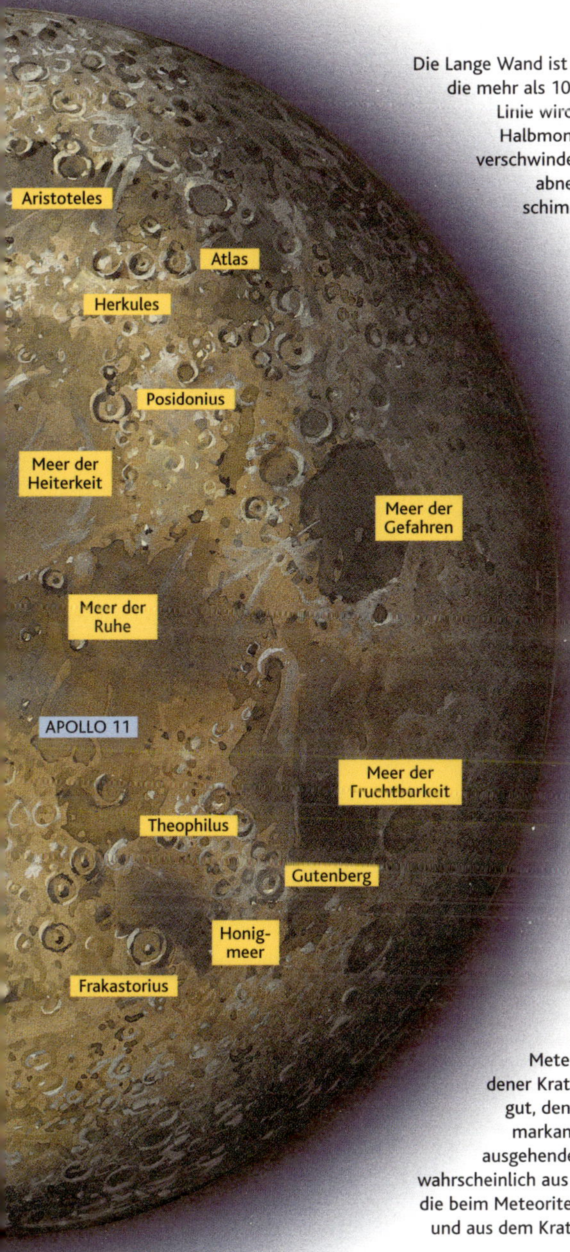

Gibt es Meere auf dem Mond?

Die Griechen früherer Zeiten hielten die dunklen Mondflecken für Ozeane. In Wirklichkeit hat es zu keiner Zeit Wasser auf dem Mond gegeben. Trotzdem nennt man diese riesigen Flächen erkalteten Lavagesteins noch immer »Meere« bzw. »Maria« (Einzahl: »Mare«).

Kopernikus

Kopernikus ist ein durch Meteoriteneinschlag entstandener Krater. Man erkennt ihn sehr gut, denn er ist tief und hat eine markante Form. Die vom Krater ausgehenden radialen Strahlen sind wahrscheinlich aus Felsstücken entstanden, die beim Meteoriteneinschlag zertrümmert und aus dem Krater geschleudert wurden.

Merkur

Merkur ist der sonnennächste und (nach Pluto) der zweitkleinste Planet im Sonnensystem. Er ist schwierig zu beobachten und selten zu sehen. Von der Erde ist er zwischen 79 und 220 Millionen km entfernt. Bei Merkur-Vorübergängen erscheint er als kleine dunkle Scheibe vor der Sonne.

Venus

Venus ist nach Sonne und Mond das hellste Gestirn am Himmel, weil ihre Atmosphäre wie ein Spiegel das Sonnenlicht stark reflektiert. Sie ist ein wenig kleiner als die Erde und erscheint bisweilen als Abendstern am Westhimmel bzw. Morgenstern am Osthimmel. Falls du die Venus-Projektion auf der Sonne am 8.6.2004 verpasst: Die nächste ist am 6.6.2012.

Mars

Der rote Staub, der die Oberfläche des »Roten Planeten« bedeckt, leuchtet im Sonnenlicht mal mehr, mal weniger stark. Seine Größe scheint (wegen der sich ändernden Entfernung von der Erde) zu schwanken. Zur Zeit seiner größten Helligkeit ist er heller als Sirius, der hellste Stern.

Eselsbrücke

So merkst du dir die Reihenfolge der Planeten von der Sonne aus. Lies die linke Spalte von oben nach unten:

Mein	**M**erkur
Vater	**V**enus
Erklärt	**E**rde
Mir	**M**ars
Jeden	**J**upiter
Sonntag	**S**aturn
Unsere	**U**ranus
Neun	**N**eptun
Planeten	**P**luto

Die Planeten

Unzählige Sterne funkeln am Nachthimmel. Andere Himmelskörper leuchten in einem gleichmäßigen, ruhigen Licht. Wahrscheinlich sind es Planeten. Notiere dir ihre Position zwischen den Sternbildern! Wenn du beobachtest, dass sie von Tag zu Tag wandern, handelt es sich um Planeten. In unserem Sonnensystem umkreisen neun Planeten die Sonne, aber nur fünf sind für Hobbyastronomen sichtbar.

Satelliten (Monde) des Jupiters

Jupiter hat 16 Monde, die ihn umkreisen, aber nur vier davon siehst du mit dem Fernglas. Sie bilden eine Reihe kleiner weißer Punkte ganz nahe am Jupiter. Wenn du sie mehrere Tage beobachtest, kannst du erkennen, wie sie sich auf ihrer Bahn bewegen.

Landungen auf dem Mars

Der Mars ist für die Menschen besonders interessant: Dort sind die Bedingungen für organisches Leben besser als auf allen anderen Planeten unseres Sonnensystems. Viele Raumsonden wurden schon zum Mars geschickt (oft Verlust des Funkkontakts). Die amerikanischen »Viking«-Sonden (1975/76) entnahmen z. B. Bodenproben. Wann wird wohl der erste Mensch seinen Fuß auf den Mars setzen?

Venus

Jupiter

Jupiter

Jupiter ist ein Riesenplanet (Durchmesser 11-mal so groß wie der Erddurchmesser), der vor allem aus flüssigem und gasförmigem Wasserstoff sowie Helium besteht. Er ist der größte der neun Planeten. Blasser als die Venus, leuchtet er aufgrund seiner Größe dennoch hell. Jedes Jahr ist er monatelang der beherrschende Himmelskörper am Nachthimmel. Erkennst du seinen »Großen Roten Fleck«?

Saturn

Saturn

Auch dieser Riesenplanet besteht hauptsächlich aus Wasserstoff und Helium. Berühmt sind die Ringe, die ihn umgeben. Sie bestehen aus vereistem Gestein und Staub. Um sie zu sehen, brauchst du ein Teleskop. Mit dem bloßen Auge siehst du einen leicht orangefarbenen Planeten, der nicht so glänzt wie Jupiter. Raumsonden haben die Ringe gezählt: Es sind tausende!

Supernova – ein Stern stirbt

Ein massereicher Stern stirbt mit einer gewaltigen Explosion, bei der seine äußeren Schichten fortgeschleudert werden. Er wird dabei bis zu 100 000 000-mal heller als die Sonne! Diese Explosion heißt »Supernova«. Die Überreste bilden eine Gaswolke oder kosmischen Nebel, in dem neue Sterne entstehen.
Ein Stern mit weniger als 1,4 Sonnenmassen erlischt ohne Explosion. Sein Kern zieht sich zusammen und wird zum Weißen Zwerg, der immer schwächer leuchtet. Einen Roten Riesen erkennt man an seiner Farbe. Irgendwann explodiert er, aber niemand weiß, wann das geschehen wird.

Sterne erkennen

Der Mond ist verschwunden, kein Licht und keine Wolke stören dein Blickfeld – dann mach es dir unter freiem Himmel bequem. Bald haben sich deine Augen an die Dunkelheit gewöhnt und du kannst die Sterne besser erkennen: ihr Leuchten, ihre Farben und die Muster, die sie am Himmel bilden.

Der Krebsnebel im Sternbild Stier besteht aus Milliarden Splittern – Überreste eines explodierten Sterns (Supernova, die 1054 n. Chr. erschien).

Helle und weniger helle Sterne

Manche Sterne strahlen heller als andere: Sie sind näher bei der Erde, oder sie sind heißer oder einfach größer als andere. Die Helligkeit eines Sterns wird in Sterngrößen gemessen. Je heller der Stern leuchtet, desto niedriger ist sein Wert in der Größenklasse. Sterne mit einer Sterngröße über 5,5 leuchten so schwach, dass sie mit bloßem Auge nicht erkennbar sind.

Die Milchstraße

Sie zieht sich als breites, helles Band über den Himmel, aber sie ist kein Nebel, sondern ein Ausläufer unserer Galaxie, zu der sie ebenso gehört wie unser Sonnensystem und viele Milliarden anderer Sterne. Im Weltall gibt es zahllose andere Galaxien, und alle bestehen aus Milliarden von Sternen.

Die Farben von Sternen

Je nach Alter haben Sterne verschiedene Farben: Leuchtet ein Stern bläulich oder weiß, ist er gerade mal einige Millionen Jahre jung. Gelbe oder orangefarbene Sterne sind in ihren besten Jahren – wie unsere Sonne, die etwa 5 Milliarden Jahre alt ist. Alte Sterne leuchten rot. Sie werden irgendwann zu einer Supernova oder einem Weißen Zwerg.

Großer Bär

Er ist besonders leicht zu finden, denn er leuchtet hell und steht immer am Himmel. Seine hellsten Sterne bilden den Großen Wagen – mit den drei Deichselsternen Alioth, Mizar und Benetnasch.

Die Polweiser

Die beiden hinteren Sterne am Wagen des Großen Bären heißen Polweiser: Ihre Verbindungslinie führt direkt zum Polarstern. Wenn du diesen findest, siehst du auch den Kleinen Bären: Der Polarstern ist sein Schwanzende.

Er bewegt sich nie

Die Erde dreht sich ständig um ihre eigene Achse, deshalb sieht es für dich so aus, als würden Sterne und Sternbilder über den Himmel kreisen. Nur ein Stern bleibt am selben Platz: der Polarstern. Er liegt genau auf der Rotationsachse der Erde und zieht daher nicht über den Himmel. Er zeigt dir an, wo Norden ist.

ASTRONOM MIT SONNENSTICH

Der Sommerhimmel

Wie soll man sich bei so vielen Sternen zurechtfinden?

Das ist gar nicht so schwer! Suche die hellsten Sterne und gruppiere sie zu Bildern! Diese Bilder nennt man Sternbilder. An ihnen kannst du dich orientieren, um die Himmelskörper zu finden, die dich interessieren.

NORDEN

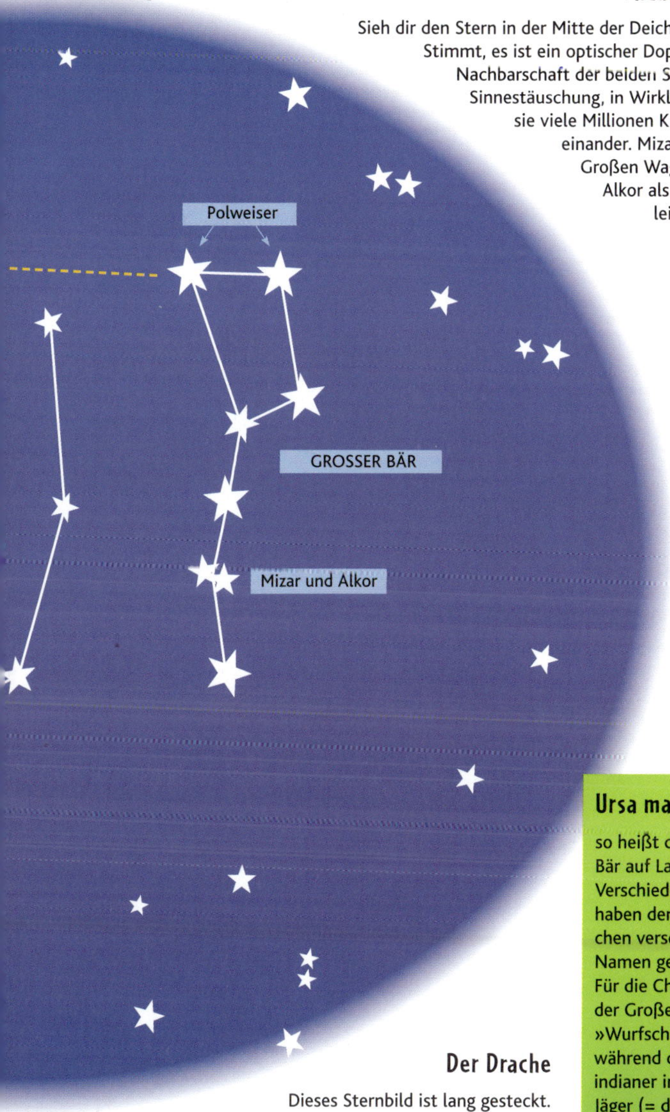

Mizar und Alkor

Sieh dir den Stern in der Mitte der Deichsel genau an: Stimmt, es ist ein optischer Doppelstern! Die Nachbarschaft der beiden Sterne ist eine Sinnestäuschung, in Wirklichkeit liegen sie viele Millionen Kilometer auseinander. Mizar gehört zum Großen Wagen, während Alkor als sein »Reiterlein« erscheint.

Ursa maior ...

so heißt der Große Bär auf Lateinisch. Verschiedene Völker haben den Sternzeichen verschiedene Namen gegeben. Für die Chinesen ist der Große Bär eine »Wurfschaufel«, während die Prärieindianer in ihm drei Jäger (= die Sterne der Deichsel) sehen, die einen Bären verfolgen.

Der Drache

Dieses Sternbild ist lang gesteckt. Schwanz und Körper des Drachen schlängeln sich um den Kleinen Bären. Der rautenförmige Drachenkopf steht unmittelbar neben Wega, einem der hellsten Sterne am Sommerhimmel (er hat die 60-fache Leuchtkraft der Sonne).

Kassiopeia

Zu Kassiopeia gelangst du, wenn du vom ersten Stern im Schwanz des Großen Bären zum Polarstern gehst und diese Linie bis zur Milchstraße verlängerst. Das Sternbild Kassiopeia hat die Form eines W.

Schwan

Von Kassiopeia aus folgst du der Milchstraße nach Süden und gelangst zum Sternbild Schwan. Es hat die Form eines großen Kreuzes inmitten der Milchstraße.

Leier

Am Rand der Milchstraße, neben dem Kreuz des Schwans (an dessen Fuß) findest du Wega und das Sternbild Leier.

Adler

Am anderen Rand der Milchstraße, fast gegenüber der Leier, leuchtet Altair im Sternbild des Adlers. Altair, Wega und Deneb bilden das helle Sommerdreieck.

Delphin

Durchquere von Wega aus den Fuß des Kreuzes, das den Schwan bildet. Verfolge diese Linie durch die Milchstraße: Du kommst zu einem kleinen, drachenförmigen Sternbild, dem Delphin.

Andromeda-Galaxie

Die Andromeda-Galaxie, sehr leicht zu beobachten, ist die größte unserer Nachbargalaxien. Sie ist auch interessant, weil sie viel Ähnlichkeit mit unserer Galaxie, der Milchstraße, hat.

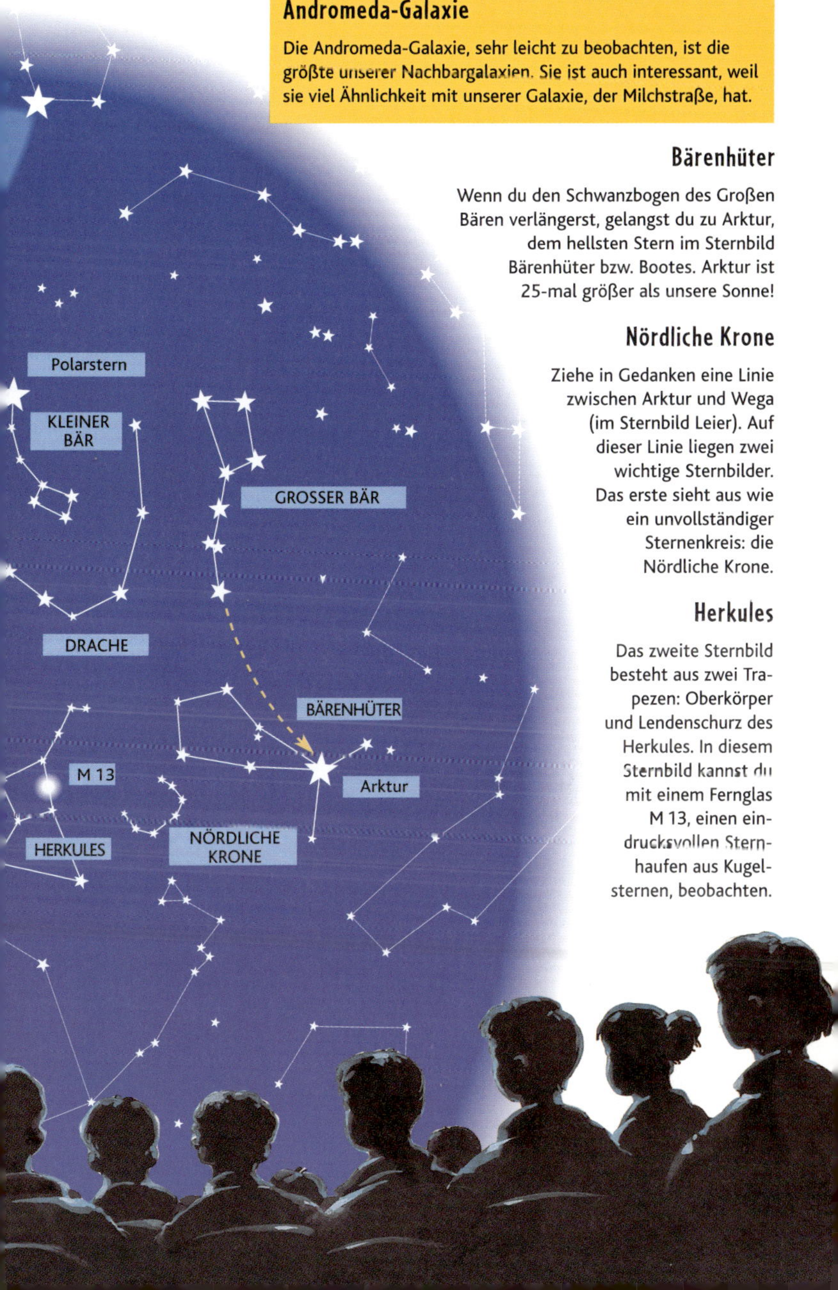

Bärenhüter

Wenn du den Schwanzbogen des Großen Bären verlängerst, gelangst du zu Arktur, dem hellsten Stern im Sternbild Bärenhüter bzw. Bootes. Arktur ist 25-mal größer als unsere Sonne!

Nördliche Krone

Ziehe in Gedanken eine Linie zwischen Arktur und Wega (im Sternbild Leier). Auf dieser Linie liegen zwei wichtige Sternbilder. Das erste sieht aus wie ein unvollständiger Sternenkreis: die Nördliche Krone.

Herkules

Das zweite Sternbild besteht aus zwei Trapezen: Oberkörper und Lendenschurz des Herkules. In diesem Sternbild kannst du mit einem Fernglas M 13, einen eindrucksvollen Sternhaufen aus Kugelsternen, beobachten.

Die Hyaden

Neben Aldebaran, dem hellsten Stern im Sternbild Stier, siehst du den offenen Sternhaufen der Hyaden (ca. 350 Sterne). Die arabische Bezeichnung »Aldebaran« heißt so viel wie »der (den Plejaden) Folgende«.

Orion

Das hellste und bekannteste Sternbild am Winterhimmel heißt Orion, der Jäger. Suche seine drei hellen Gürtelsterne (»Jakobsstab«), die sehr dicht nebeneinander liegen! Über dem Gürtel befinden sich die Schultersterne Beteigeuze und Bellatrix. Unter dem Gürtel siehst du den besonders hell leuchtenden Rigel.

Der Winterhimmel

Im Winter sind die Nächte kalt, aber es lohnt sich, der Kälte zu trotzen ...

Dank der Kälte ist die Luft klar. Keine Luftbewegungen (Turbulenzen) stören deine Himmelsbeobachtung. Und der Winterhimmel zeigt mehr außergewöhnliche Sterne als der Sommerhimmel. Ziehe dich also warm an und entdecke sie!

NORDEN

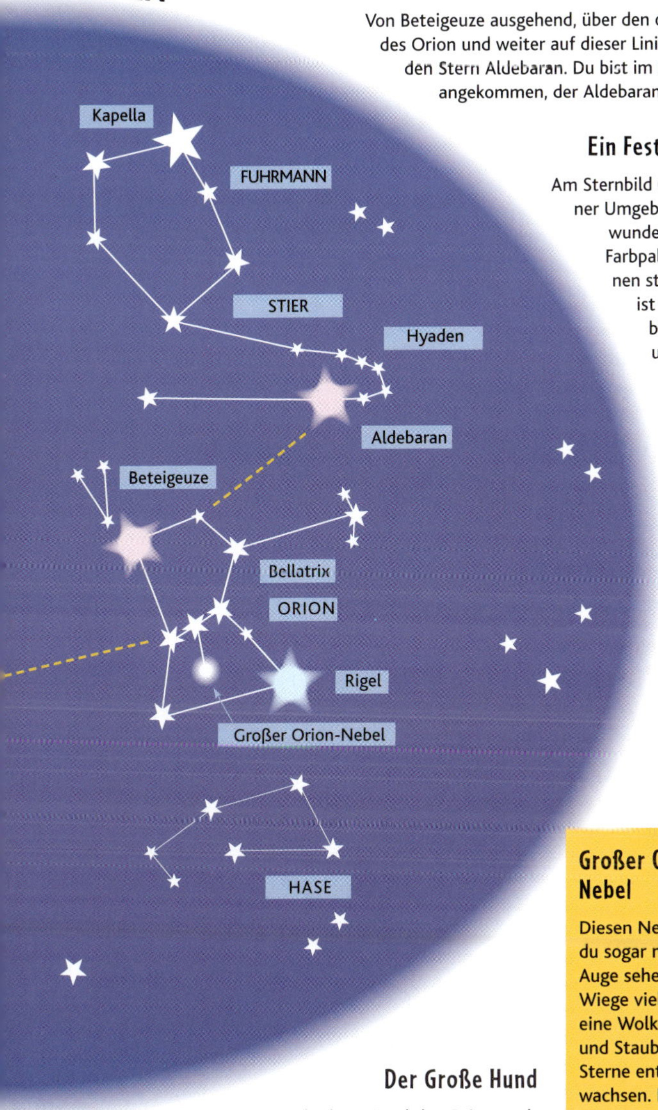

Stier

Von Beteigeuze ausgehend, über den obersten Stern des Orion und weiter auf dieser Linie stößt du auf den Stern Aldebaran. Du bist im Sternbild Stier angekommen, der Aldebaran ist sein Auge.

Ein Fest der Farben

Am Sternbild Orion und seiner Umgebung kannst du wunderbar die ganze Farbpalette von Sternen studieren: Sirius ist weiß, Rigel ist blau, Aldebaran und Beteigeuze sind rot.

Großer Orion-Nebel

Diesen Nebel kannst du sogar mit bloßem Auge sehen. Er ist die Wiege vieler Sterne, eine Wolke aus Gas und Staub, in der Sterne entstehen und wachsen. Der Orion-Nebel befindet sich im Schwertgehänge von Orion.

Der Große Hund

Wenn du den Gürtel des Orion nach links verlängerst, triffst du auf Sirius, den hellsten Stern am Winterhimmel. Er steht im Sternbild Großer Hund, dem Jagdgefährten des Orion.

Kleiner Hund

Verbinde die beiden Sterne Bellatrix und Beteigeuze im Orion und verlängere die Linie durch die Milchstraße. So gelangst du zum Procyon, einem hell strahlenden Stern im Sternbild Kleiner Hund, dem zweiten Begleiter des Jägers Orion.

Fuhrmann

Gehe vom Großen Bären aus und folge der oberen Kante des Wagens in Richtung Milchstraße. Hier stößt du auf Kapella, einen gelben Stern im Sternbild Fuhrmann bzw. im »Wintersechseck«.

Perseus und Algol

Starte beim Fuhrmann und folge der Milchstraße Richtung Norden. Das Sternbild, das die Milchstraße kreuzt, ist Perseus. Hierzu gehört Algol, ein Stern mit einer besonderen Eigenschaft: Seine Leuchtkraft verändert sich etwa alle drei Tage. Tatsächlich handelt es sich bei Algol um zwei Sterne, die sich ständig voreinander schieben!

Plejaden

Neben Perseus siehst du die Plejaden (»Siebengestirn« genannt, obwohl rund 300 Mitgliedssterne bekannt sind) im Sternbild Stier. Erkennst du 5 Sterne, ist die Sicht durchschnittlich; entdeckst du 7 Sterne, ist die Sicht auf den Himmel ausgezeichnet. Dann solltest du die Nacht für die Sternbeobachtung nutzen.

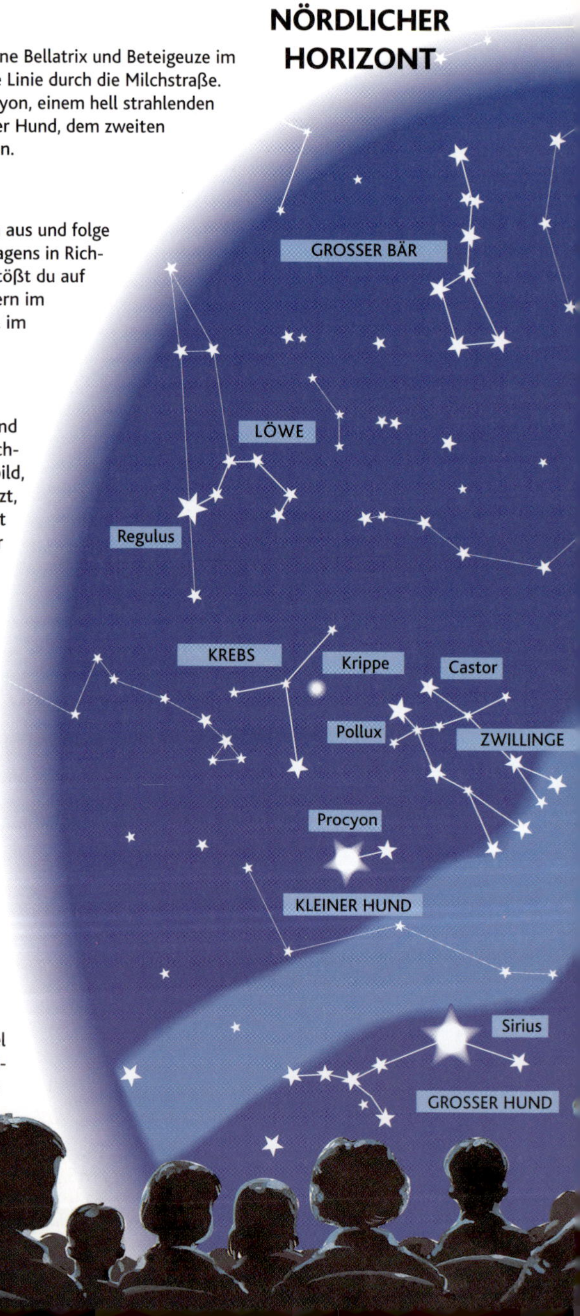

Der große Astronom Galileo Galilei (1564–1642)

Galilei erkannte als Erster, dass »die kleine Wolke« ein Sternhaufen war. 1610 zählte er darin 36 Sterne. Später erhielt der Sternhaufen den Namen Krippe; die moderne Systematik bezeichnet ihn kurz als M 44. Und wie viele Sterne zählst du?

Zwillinge

Beginne beim Rigel und bewege dich direkt in Richtung Beteigeuze. Kreuze auf dieser Linie die Milchstraße. So gelangst du zu zwei hellen Sternen im Sternbild Zwillinge: Castor und Pollux.

Löwe

Folge der Deichsel des Großen Wagens nach Süden zu einem sichelförmigen Sternbild, dem Löwen. Sein hellster Stern, das Herz des Löwen, heißt Regulus. Die Sonne durchläuft dieses Sternbild auf ihrer scheinbaren Bahn von Mitte August bis Mitte September.

Krebs

Im Krebs, einem Sternbild zwischen Regulus und Procyon, liegt die Krippe (M 44), ein offener Sternhaufen mit großer Aktivität und voller junger Sterne.

Der Himmel fällt uns auf den Kopf!

Du kennst nun die wichtigsten Himmelskörper. Außer diesen Gestirnen, die immer am Himmel stehen, gibt es zahlreiche andere, die nur gelegentlich und manchmal rasend schnell an der Erde vorbeifliegen und sie bisweilen sogar rammen: Meteore, Kometen, Satelliten usw. Auch in Zukunft hält der Himmel viele Überraschungen für dich bereit!

Meteoriten

Die meisten Meteore verglühen in der Erdatmosphäre, doch manchmal durchdringt einer das atmosphärische Schutzschild und schlägt auf der Erde ein. Dann kann man winzige Brocken außerirdischen Gesteins finden, die Meteoriten. Ein großer Meteorit hinterlässt beim Einschlag einen beträchtlichen Krater – wie auf dem Mond.

Perseiden

Die Perseiden sind ein Schwarm von Meteoren, die in einer festen Bahn um die Sonne kreisen. Alljährlich, wenn die Erde diese Bahn kreuzt, bietet sich ein großartiges Schauspiel: Es regnet Sternschnuppen. Der Durchgang durch die Perseiden findet um den 15. August statt und erscheint vor dem Sternbild Perseus. Im Volksmund heißen diese Sternschnuppen auch Laurentius-Tränen. Die Perseiden sind nicht der einzige Meteorschwarm, den die Erde jährlich kreuzt, aber sie sind ein besonders ergiebiger Sternschnuppenstrom.

Der Halley-Komet

Seit über 2000 Jahren wird dieser berühmteste Komet beobachtet, wenn er zuverlässig alle 76 Jahre die Erdbahn streift. Benannt wurde er nach dem Astronomen Edmond Halley (1656–1742), dem es gelang, seine Bahn zu berechnen.

Kometen

Kometen sind Himmelskörper aus Staub und Eis, die in langen, elliptischen Bahnen die Sonne umkreisen. Wenn sie an ihr vorbeiziehen, bilden sie unter der Hitzewirkung einen leuchtenden Schweif aus Ionen oder Staub, den sie wie eine Haarsträhne hinter sich her ziehen.

Meteore

Meteore sind Lichterscheinungen, verursacht durch Kleinmeteoriten. Beim Eindringen in die Erdatmosphäre verglühen sie meist vollständig. Dann siehst du eine Sternschnuppe und darfst dir etwas wünschen!

Künstliche Satelliten

Seit die Menschen den Weltraum erobern, bringen sie viele unbemannte Raumflugkörper (Nachrichten-, Wetter-, Navigations-Satelliten u. a.) in eine Umlaufbahn um die Erde. Wenn du einen schwach leuchtenden »Stern« siehst, der sich zweimal schneller als alle anderen bewegt, hast du wohl einen Satelliten gesichtet!

Stichwortverzeichnis

Kreuze das Kästchen ☐ an, wenn du einen bestimmten Stern, einen Planeten, ein Sternbild oder eine Mondlandschaft entdeckt hast.

In dieser Reihe sind bereits erschienen:

- Feld- und Wiesenblumen
- Bäume erkennen
- Vögel in unseren Gärten
- Fossilien entdecken
- Ein Pony für mich
- Blüten und Gräser trocknen
- Die Welt der Vulkane
- Greifvögel beobachten und bestimmen
- Tierspuren lesen
- Mineralien und Edelsteine sammeln
- Karte, Kompass, Sonnenstand – So findest du den Weg
- Delfine, Wale und andere Meeressäuger
- Auf den Spuren der Dinosaurier
- Sterne und Planeten beobachten
- So funktioniert dein Körper
- Geheimbotschaften: Codes, Morsezeichen, Signale
- Waldblumen
- Ponys und Pferde
- Erste Hilfe
- Aquarienfische
- Schmetterlinge und Raupen
- Sträucher bestimmen und entdecken
- Unser Wasser – ein lebenswichtiges Element
- Süßwasserfische
- Wildtiere unserer Heimat
- Unser Wetter
- Gebirgsblumen

Die französische Originalausgabe dieses Werkes erschien
unter dem Titel »Étoiles et Planètes« bei MILAN.

www.editionsmilan.com

Aus dem Französischen von Sabine Müller.

Verlag und Autor weisen darauf hin, dass die Informationen in diesem Buch sorgfältig geprüft wurden. Eine Garantie für Schäden, die durch das Befolgen der Hinweise in diesem Werk auftreten, kann jedoch nicht übernommen werden.

5. Auflage 2008

Druck und Bindung: Westermann Druck Zwickau GmbH.

ISBN 978-3-401-45167-1

www.arena-verlag.de